Alb. Orry. fecit. Héliog. P. Arents.



TUILERIE SALZMUNDOISE (PANORAMA)

Imp. R. Taneur.

Alb. Orry fecit. Héliog. P. Arents.

TUILERIE SALZMUNDOISE (PANORAMA)

Imp. R. Taneur.

Alb. Orry fecit. Héliog. P. Arents



TUILERIE SALZMUNDOISE (PANORAMA)

Imp. R. Taneur.

Alb. Orry fecit. Heliog. P. Arents

MOULIN SALZMÜNDOIS (PANORAMA)

Imp. H. Tacour.

Alb. Orry fecit. Heliog. P. Arents.

SALZMÜNDE (PANORAMA)

Imp. R. Taneur.

Alb. Orry. fecit. Héliog. P. Arents.

SALZMÜNDE (PANORAMA)

Imp. R. Taneur.

Alb. Grry. fecit. Héliog. P. Arents.

TOMBEREAU POUR LE TRANSPORT DES BOUES DE RUE.

Imp. R. Taneur.

Alb. Orry. fecit. Héliog. P. Arents.



CHARIOT ALLEMAND (PETIT MODÈLE.)

Imp. R. Taneur.

Alb. Oery, fecit. Héliog. P. Arents.

CHARIOT POUR LE TRANSPORT DES PULPES DE SUCRERIE

Imp. R. Taneur.

Alb. Orry, fecit. Héliog. P. Arents.



CHARIOT SAXON, POUR LES TRANSPORTS AGRICOLES EN GÉNÉRAL.

Imp. R. Taneur.

Alb. Oney fecit. Heliog. P. Arents



TONNEAU POUR LE TRANSPORT DU PURIN.

Imp. R. Taneur

Alb. Orry, fecit.

Hélioq. P. Arents.



CHARRIOT POUR LE TRANSPORT DES FARINES

Imp. R. Taneur

Alb. Orry. fecit. Heliog. P. Arents.



LA SAALE (QUAI D'EMBARQUEMENT.)

Imp. R. Taneur.

Alb. Orry fecit. Heliog. P. Arents.



SALZMÜNDE (HÔTEL DE LA FORTUNE)

Imp. R. Taneur

Alb. Orry. fecit. Héliog. P. Arents.



SEEBURG (ANCIEN CHÂTEAU-FORT)

Imp. R. Taneur.

Alb. Orry fecit. Héliog. P. Arents.



BŒUF FRANCONIEN.

Imp. R. Taneur.

Alb. Orry fecit. Héliog. P. Arents.

TYPE DES CHEVAUX
(Monture d'inspecteur.)

Imp. R. Taneur.

Alb. Orry, fecit.

Héliog. P. Arents.



SALZMÜNDE (TRANSPORT DE L'EAU.)

Imp. R. Taneur.

Alb. Orry. fecit. Héliog. P. Arents.

FERME DE TEUTSCHENTHAL
( Maison d'habitation Wurdenburg Schloss. )

Imp. R. Taneur.

Alb. Orry, fecit. Héliog. P. Arents.



LA COUR DE TEUTSCHENTHAL

Imp. R. Taneur.

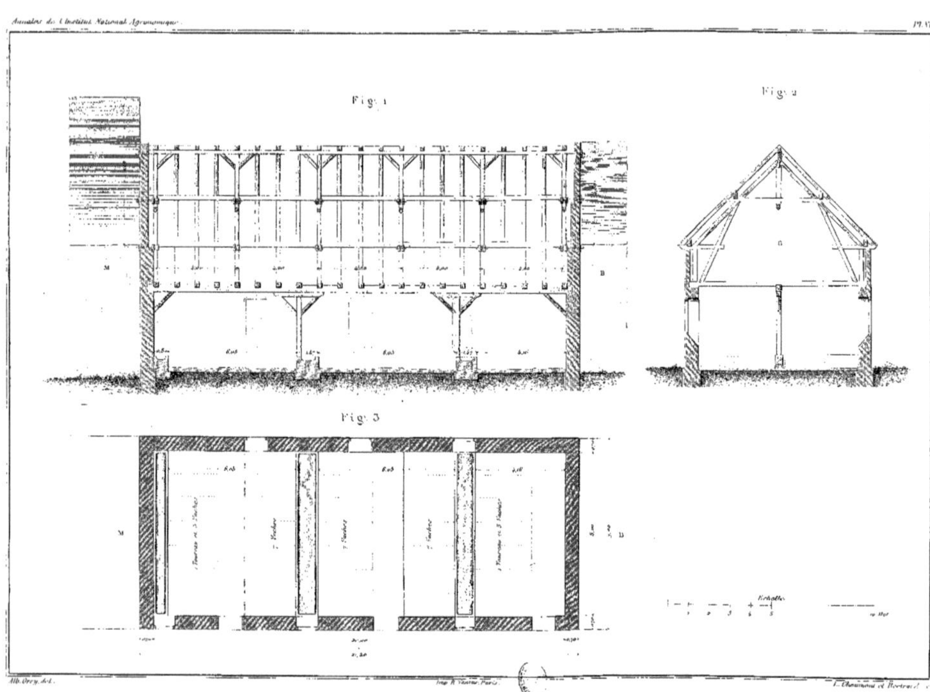


VACHERIE DE LETTIN.

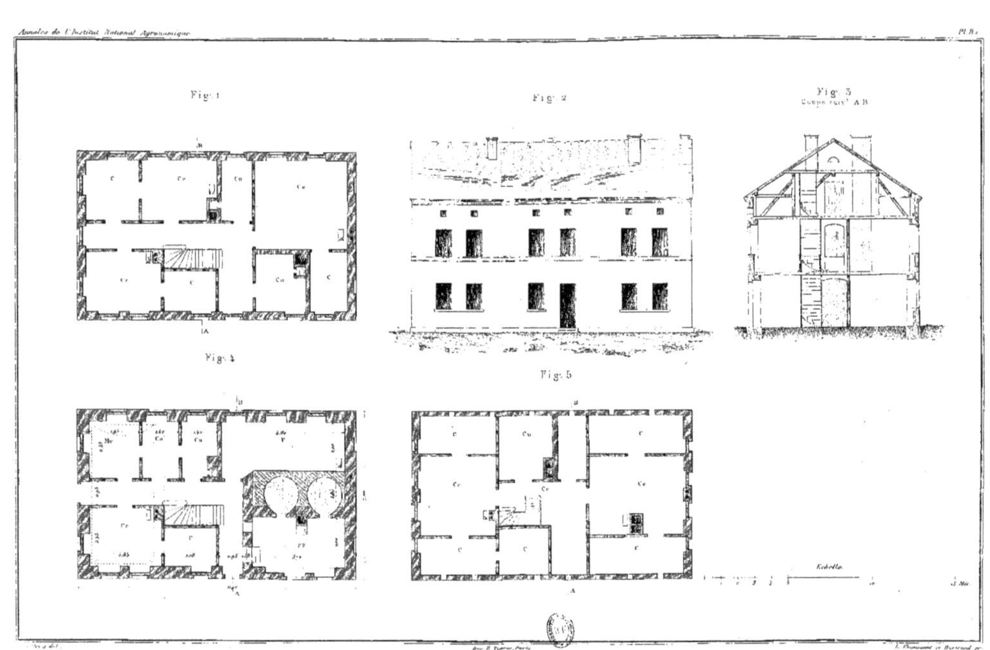


BOULANGERIE SALZMÜNDOISE ET LOGEMENT DU PERSONNEL.

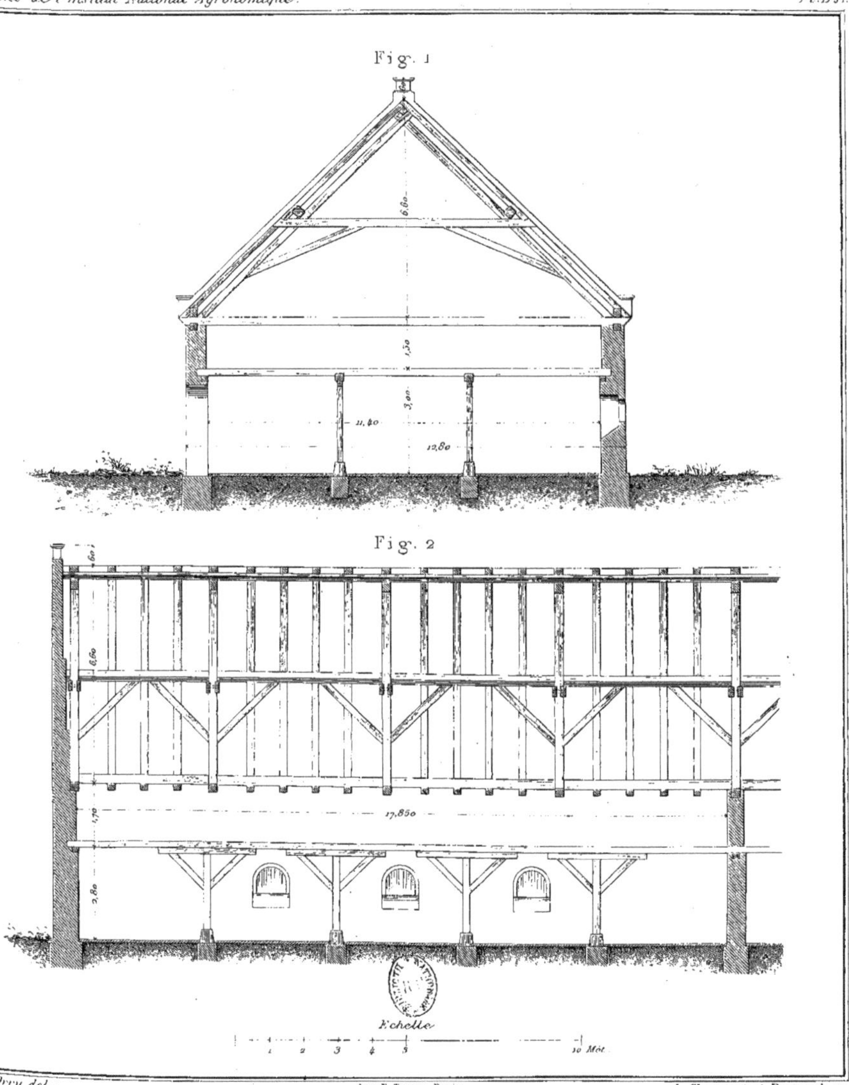


Alb. Orry del. Imp. R. Taneur, Paris. L. Chaumont et Bertrand sc.

BERGERIE DE SCHIEPZIG.

H. Duran sc.

Echelle

1 Met.

Alb. Orry fecit.

L. Chaumont et Bertrand sc.

CHARRUE SALZMÜNDOISE.

Imp. R. Taneur.

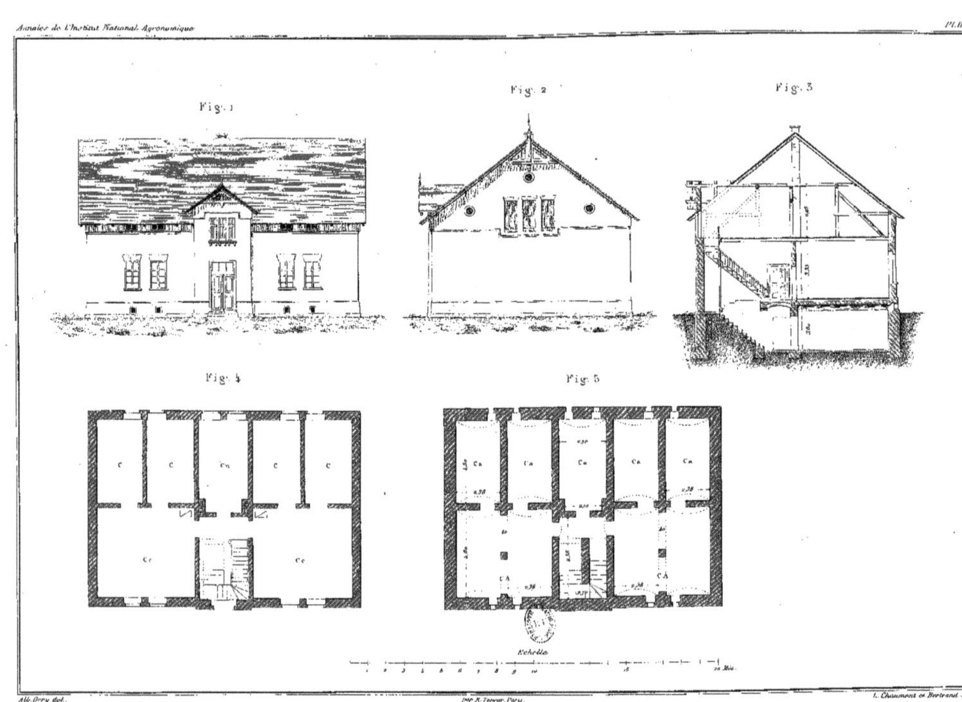


Alb. Ory del. — Imp. R. Taneur, Paris. — L. Chaumont et Bertrand sc.

HÔPITAL DE SALZMÜNDE.

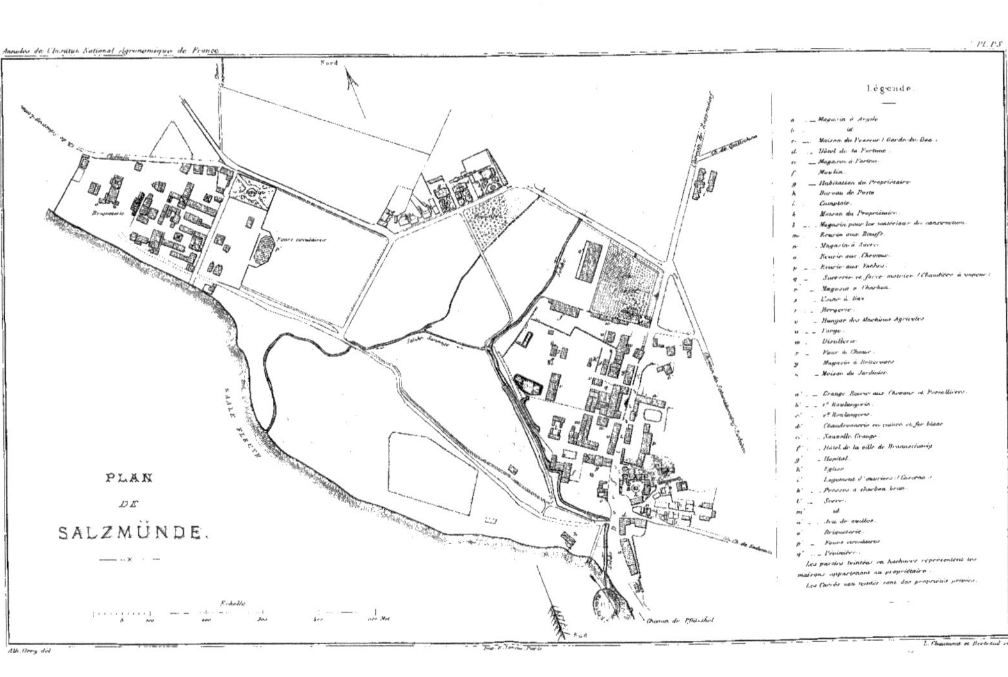
PLAN
DE
SALZMÜNDE.
Nord
Sud
Saale fleuve
Briqueterie
Fours circulaires
Échelle
Chemin de Pfützthal
Légende.
a _ Magasin à Argile
b id.
c _ Maison du Pêcheur (Garde-du-Bac)
d _ Hôtel de la Fortune.
e _ Magasin à Farine.
f Moulin.
g _ Habitation du Propriétaire
h Bureau de Poste
i Comptoir.
k Maison du Propriétaire.
l _ Magasin pour les matériaux de construction.
m Écurie aux Bœufs.
n _ Magasin à Sucre
o Écurie aux Chevaux.
p _ Écurie aux Vaches.
q _ Sucrerie et force motrice (Chaudière à vapeur)
r _ Magasin à Charbon.
s _ Usine à Gaz
t _ Bergerie.
u _ Hangar des Machines Agricoles
v _ Forge.
w Distillerie.
x _ Four à Chaux.
y Magasin à Betteraves
z _ Maison du Jardinier.
a' _ Grange. Écurie aux Chevaux et Porcelières.
b' _ 1re Boulangerie.
c' _ 2e Boulangerie.
d' Chaudronnerie en cuivre et fer blanc
e' _ Nouvelle Grange.
f' _ Hôtel de la ville de Braunschweig
g' _ Hôpital.
h' Église
i' Logement d'ouvriers (Caserne)
k' _ Presses à charbon brun.
l' _ Serres.
m' id.
n' _ Jeu de quilles.
o' Briqueterie.
p' _ Fours circulaires
q' _ Pruinière.
Les parties teintées en hachures représentent les maisons appartenant au propriétaire.
Les Carrés non teintés sont des propriétés privées.

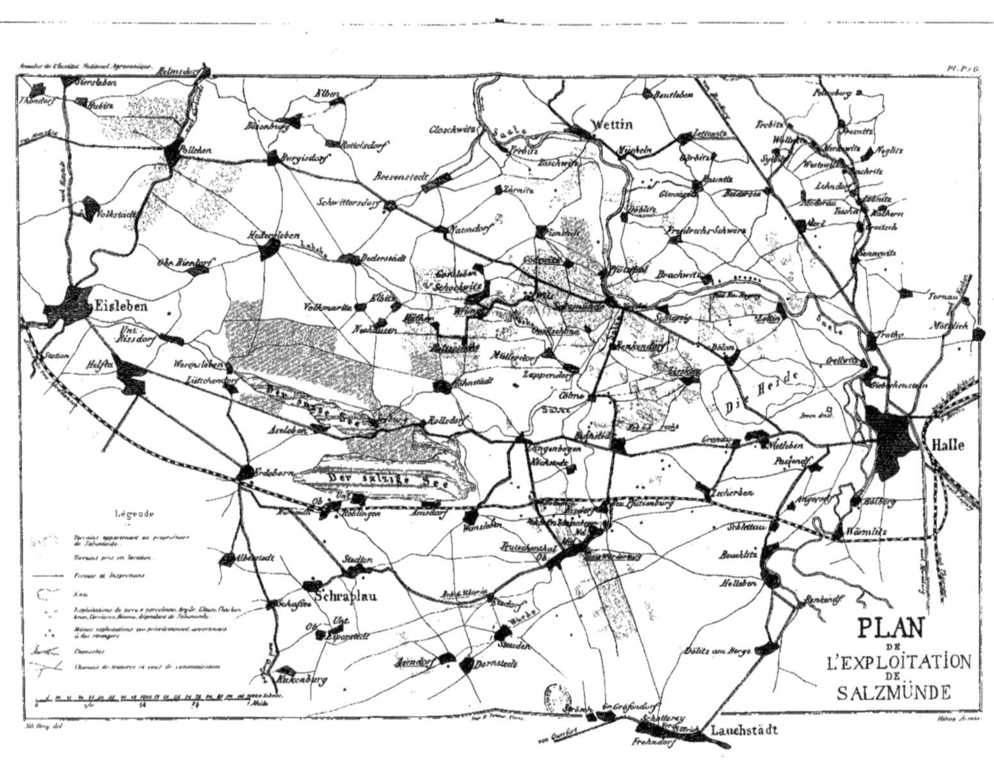

Annales de l'Institut National Agronomique.
Pl. P. 6.
PLAN
DE
L'EXPLOITATION
DE
SALZMÜNDE
Légende
Terrains pris en location.
Eau
Chaussées
Eisleben
Halle
Wettin
Schraplau
Lauchstädt
Saale
Der salzige See
Die Heide
Helmsdorf
Siersleben
Thondorf
Polleben
Volkstädt
Helfta
Erdeborn
Aseleben
Rollsdorf
Wansleben
Teutschenthal
Albersstadt
Schafsee
Kukenburg
Dornstedt
Steuden
Beutleben
Closchwitz
Burgisdorf
Rottelsdorf
Beesenstedt
Schwittersdorf
Naundorf
Dederstädt
Zörnitz
Zappendorf
Müllerdorf
Bennstedt
Dölau
Lettewitz
Brachwitz
Granau
Zscherben
Angersdorf
Wörmlitz
Schlettau
Beuchlitz
Holleben
Benkendorf
Döllitz am Berge
Frohndorf
Tornau
Trotha

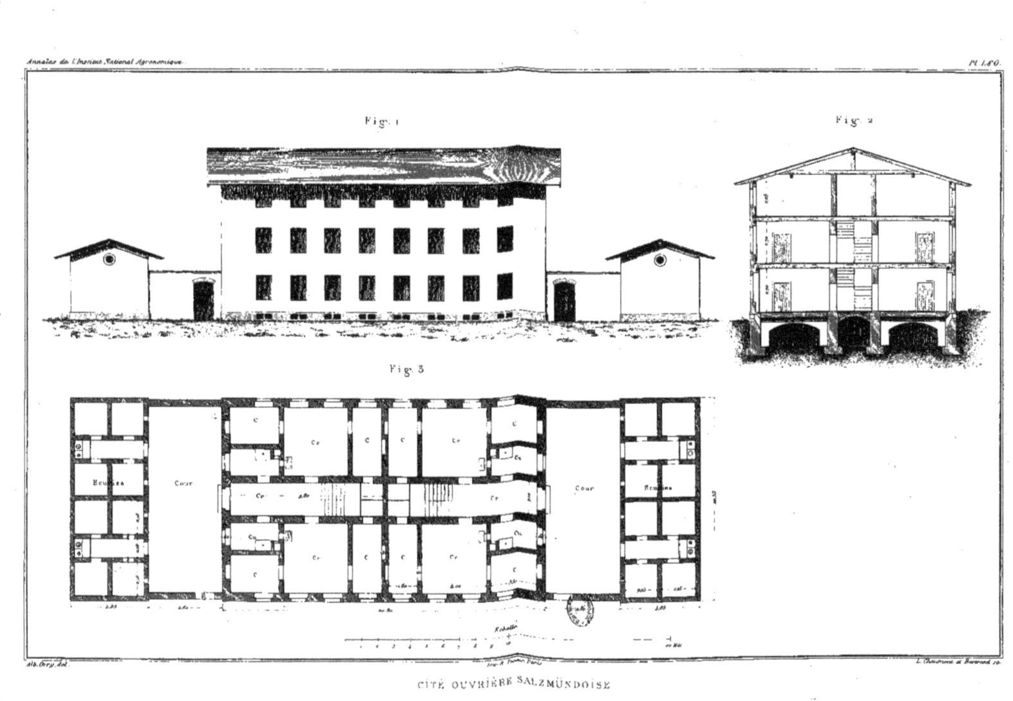


CITÉ OUVRIÈRE SALZMÜNDOISE

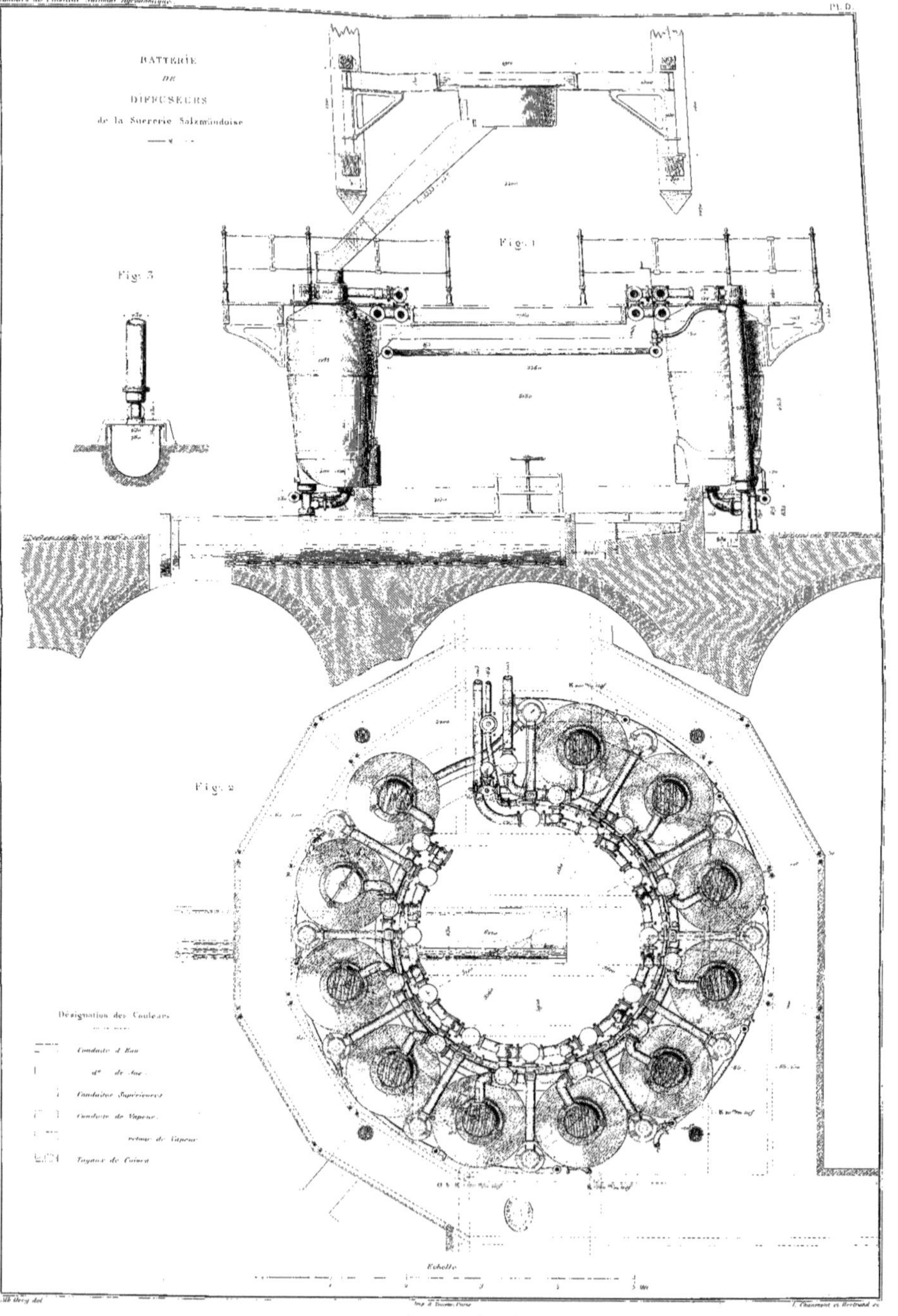


Alb. Greig del. Imp. A. Dauvin, Paris. J. Chaumont et Bertrand sc.

SUCRERIE SALZMÜNDOISE

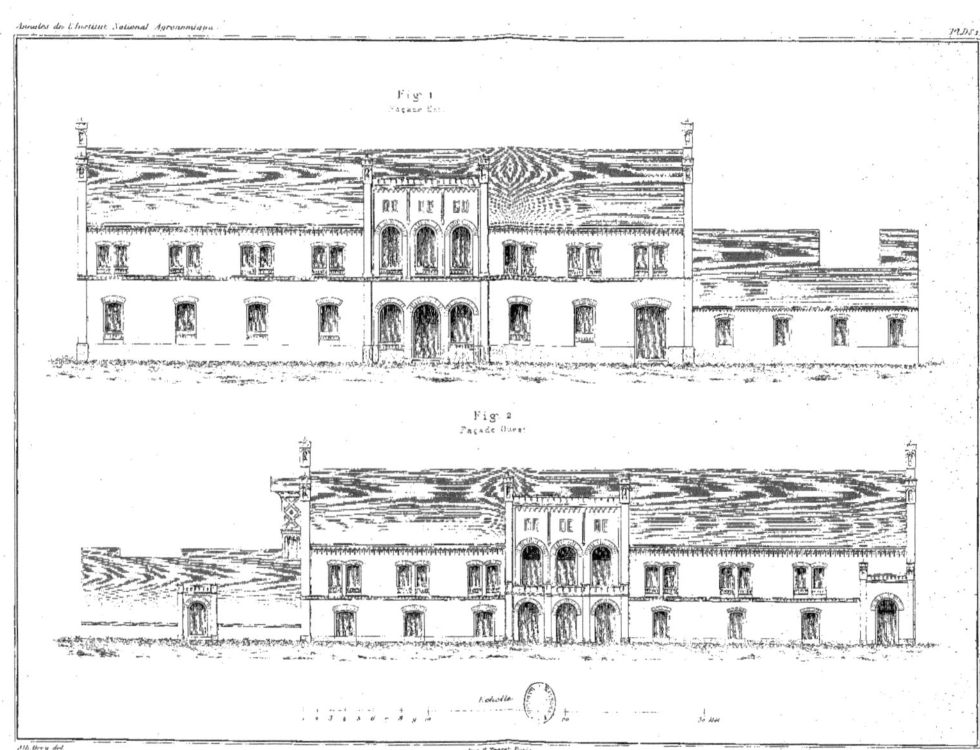


Alb. Grey del. — Imp. R. Taneur, Paris. — L. Chaumont et Bertrand sc.

DISTILLERIE SALZMÜNDOISE

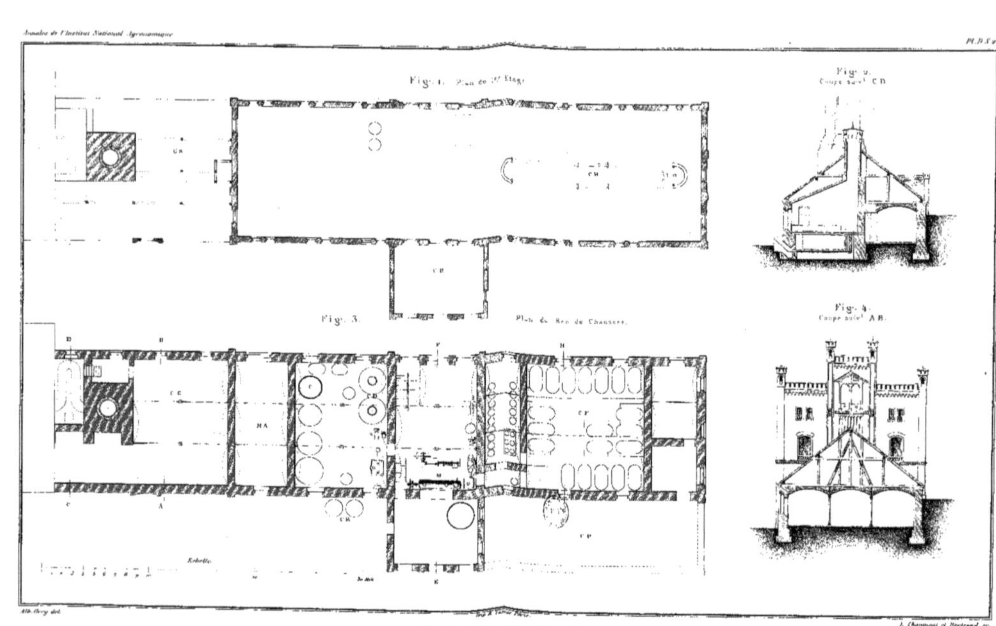

DISTILLERIE SALZMÜNDOISE

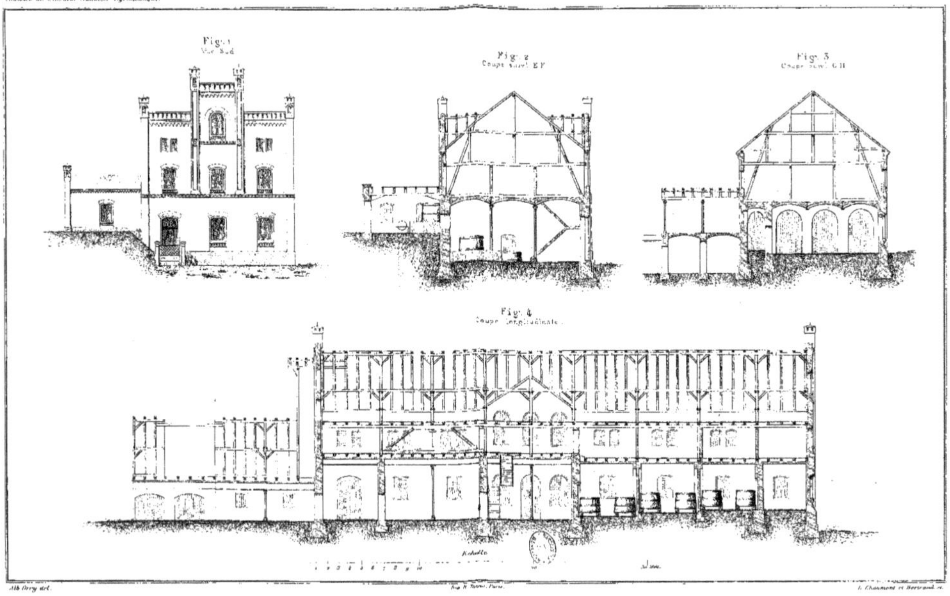

Fig. 1
Vue Sud

Fig. 2
Coupe suivt. EF

Fig. 3
Coupe suivt. GH

Fig. 4
Coupe longitudinale

Echelle

Alb. Orry del.

Imp. R. Taneur, Paris.

L. Chaumont et Bertrand sc.

DISTILLERIE SALZMÜNDOISE

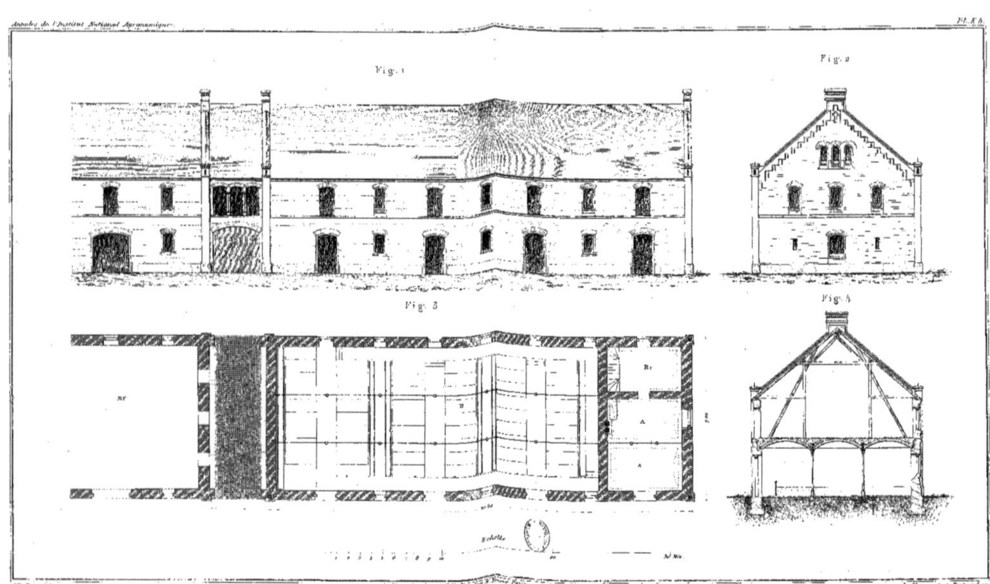


BOUVERIE SALZMÜNDOISE.

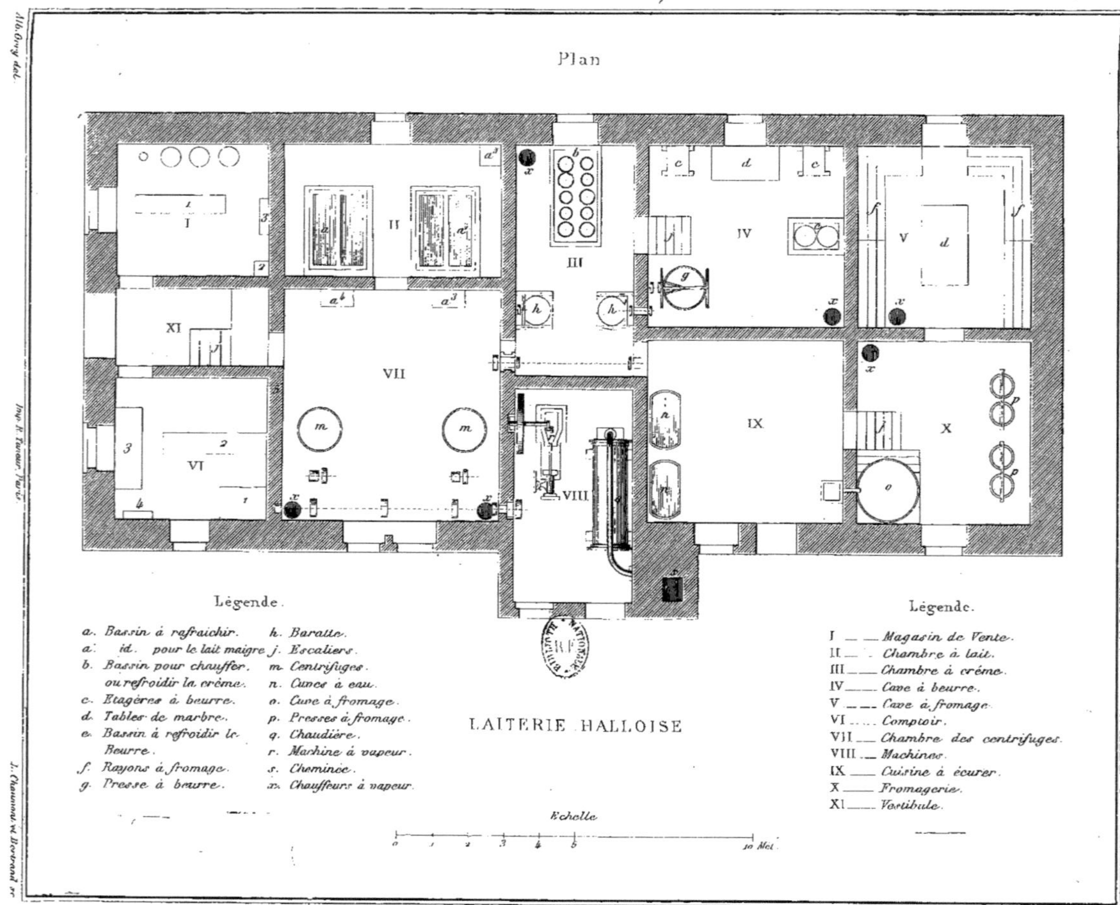


Alb. Grey del. — Imp. R. Taneur, Paris. — L. Chaumont et Bertrand sc.

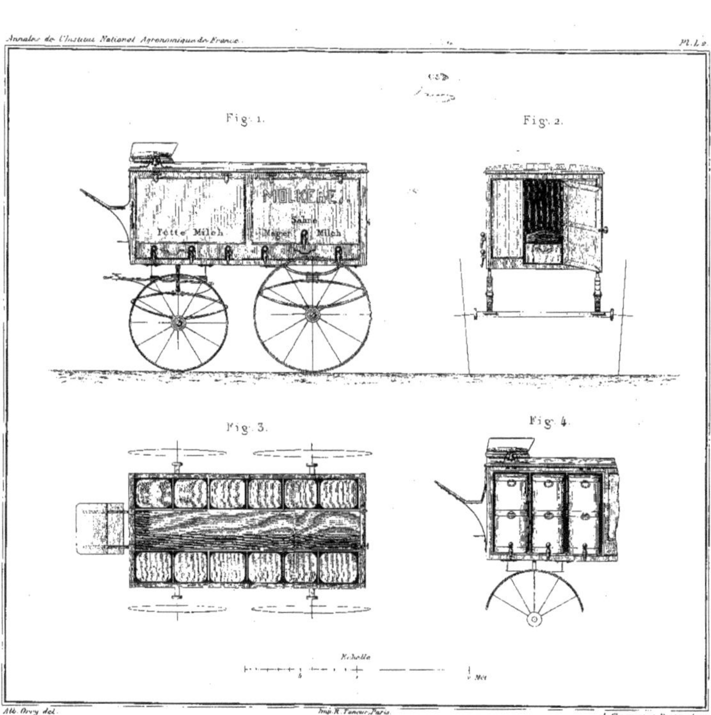


Alb. Orvy del. Imp. R. Taneur, Paris. L. Chaumont et Bertrand sc.

LAITERIE HALLOISE
(Transport du lait à domicile)

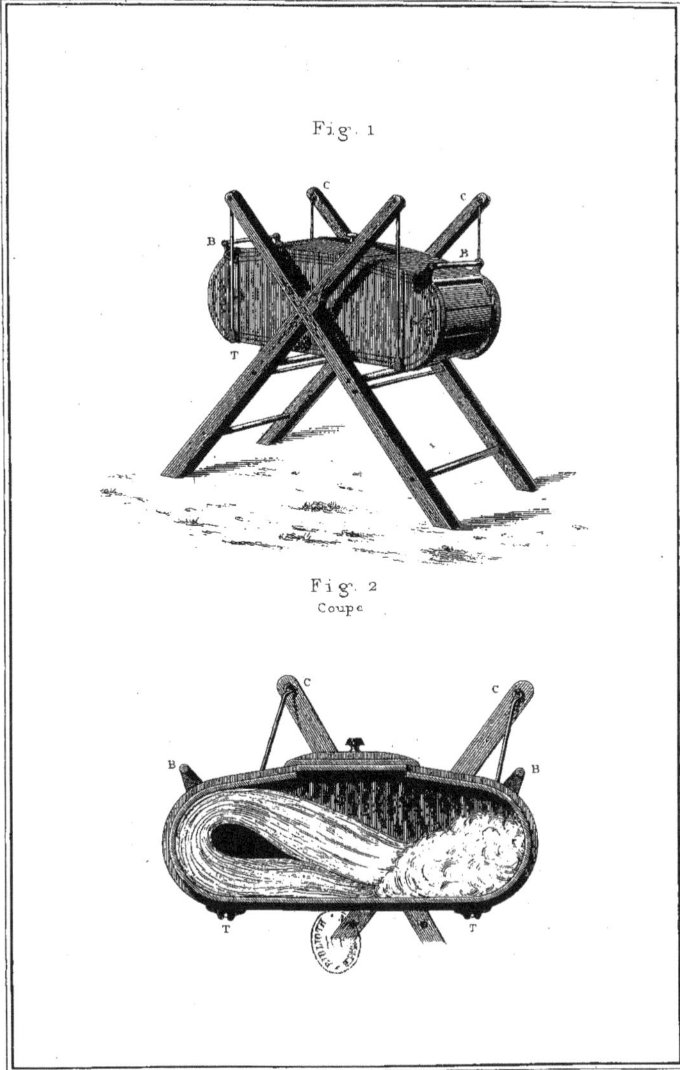


*Alb. Orry, del.* *Imp. R. Taneur, Paris.* *L. Chaumont et Bertrand sc.*

BARATTE À BEURRE
Amerikanisches Schaukelbutterfass
(Davis Swin - Churn)

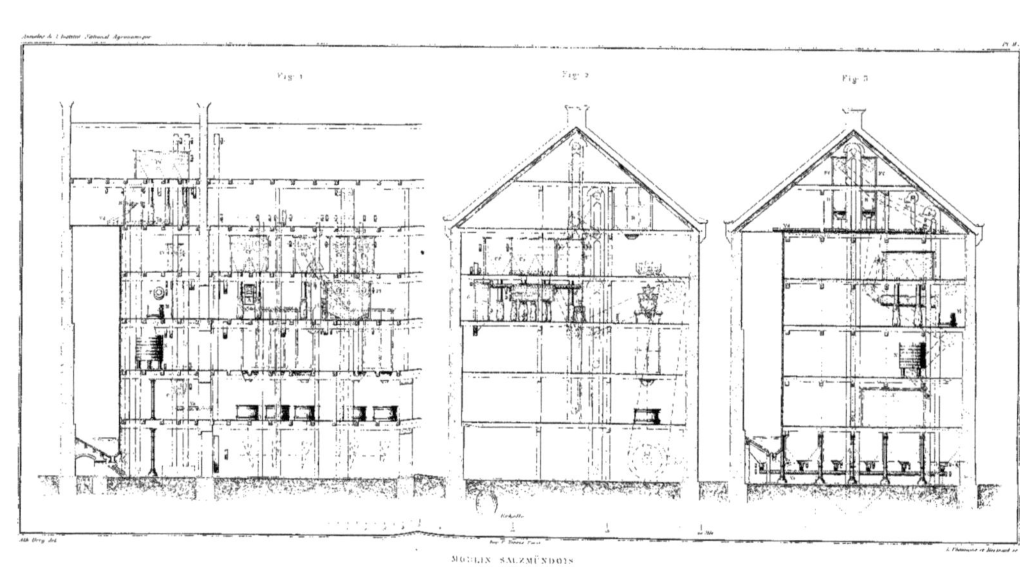


MOULIN SALZMÜNDOIS

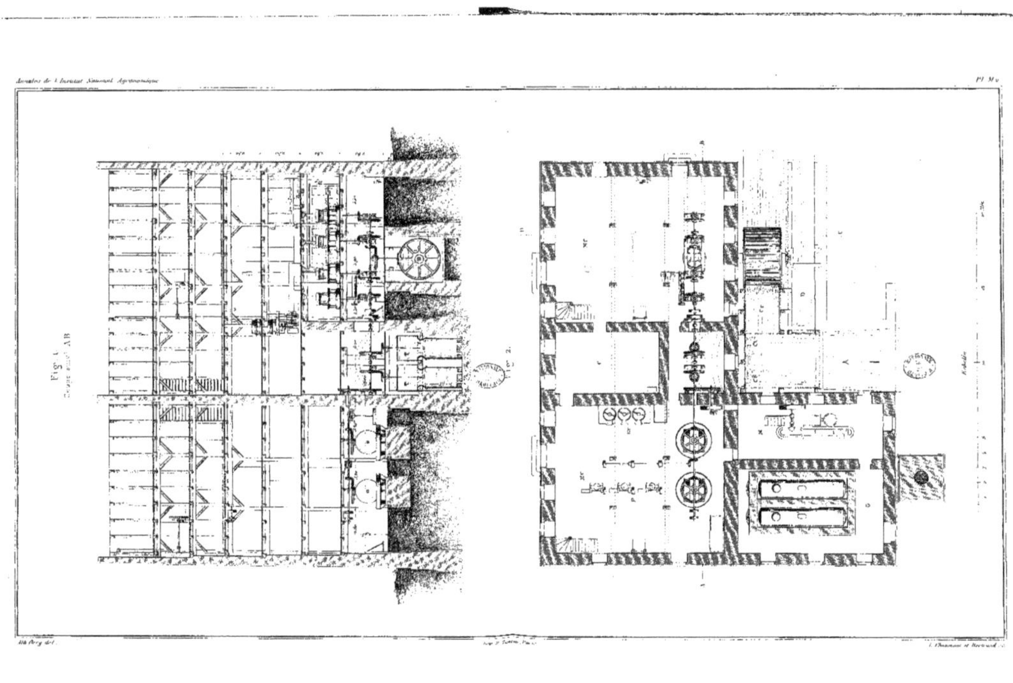
Fig. 1
Coupe suivant AB
Fig. 2
MOULIN SALZMÜNDOIS.

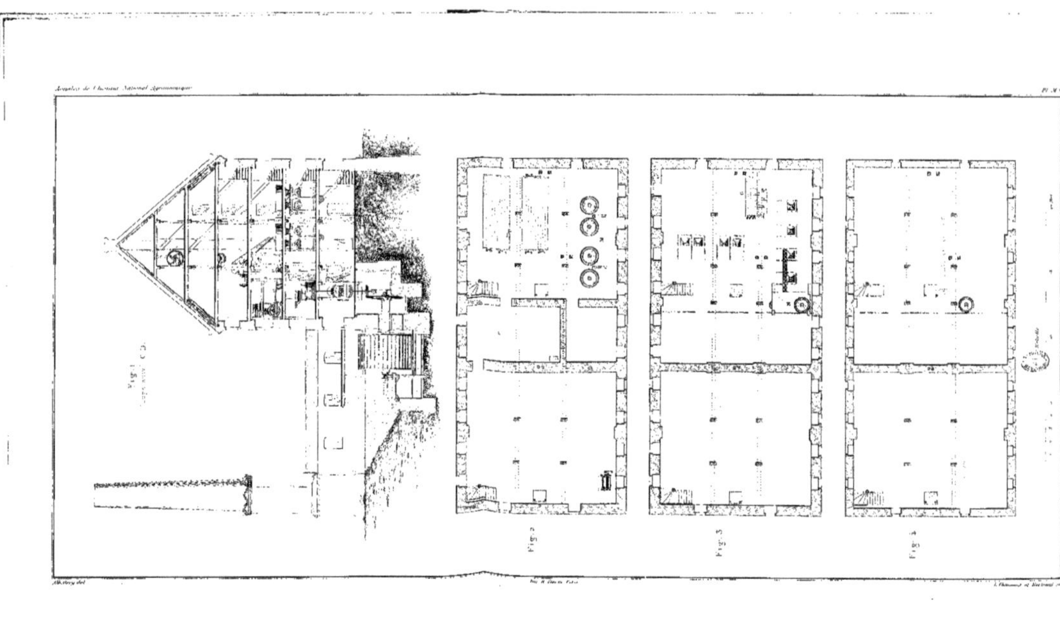

Fig. 1

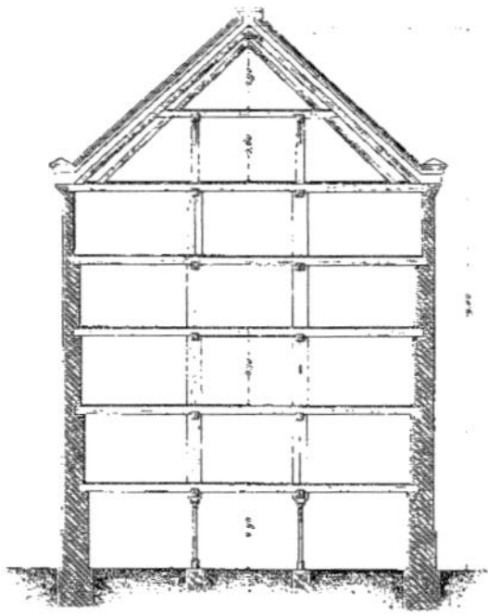

Fig. 2

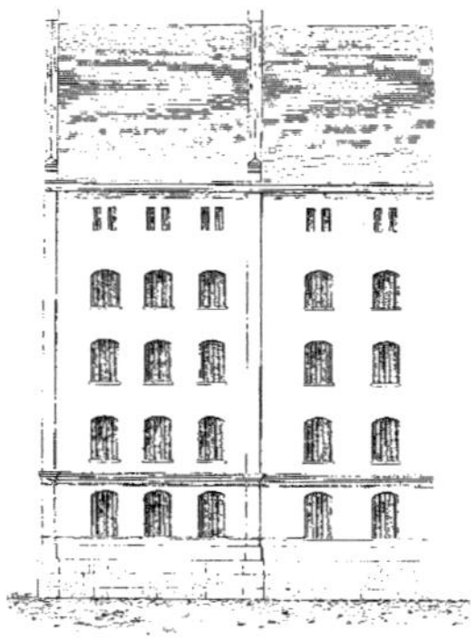

Fig. 3

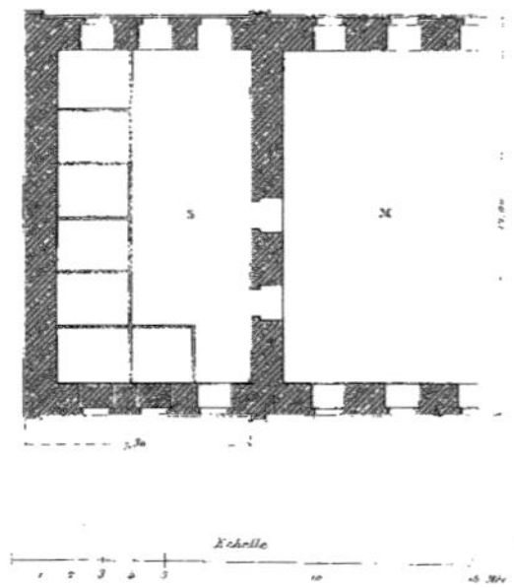

Fig. 4

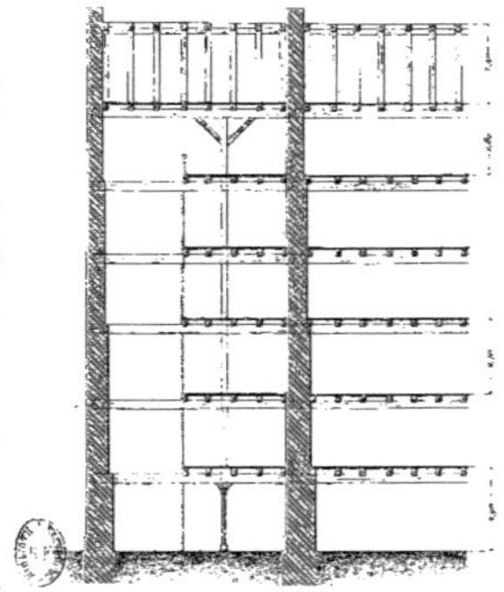

Echelle

**SILOS.**

Adjoints en 1882 au Moulin Salzmündois.

Alb. Orry del.

Imp. R. Taneur Paris

L. Chammont et Bertrand sc.

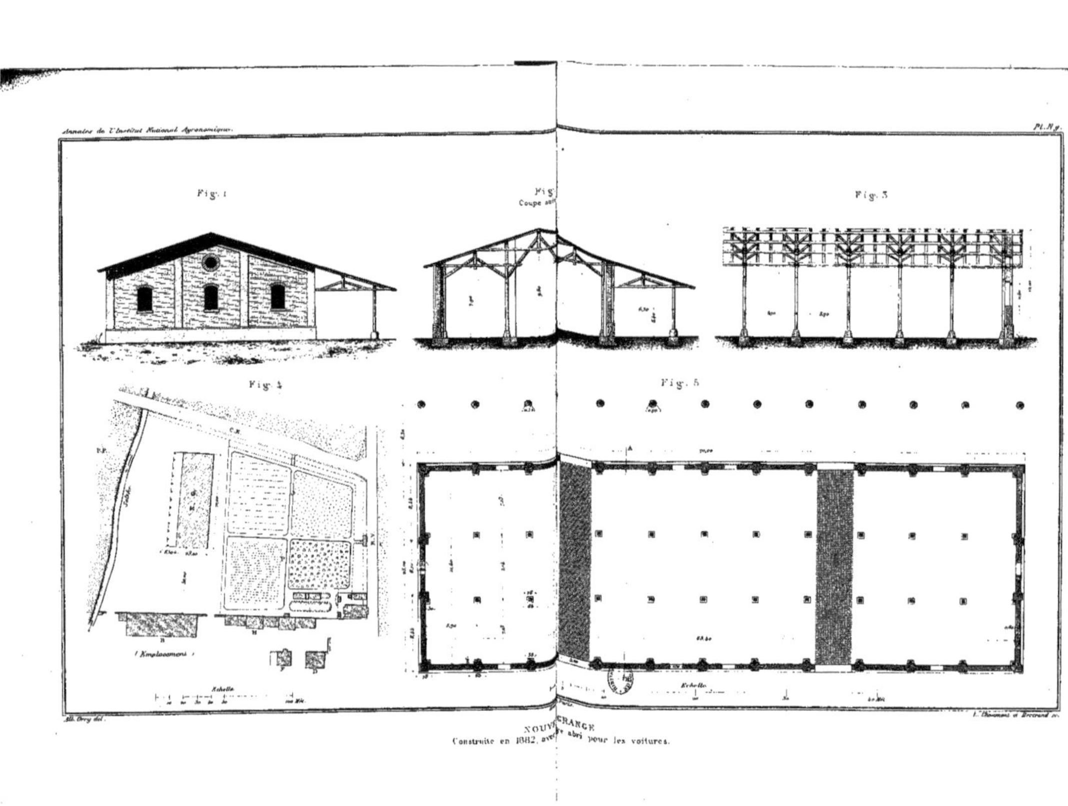


NOUV[...] GRANGE
Construite en 1882, ave[...] abri pour les voitures.

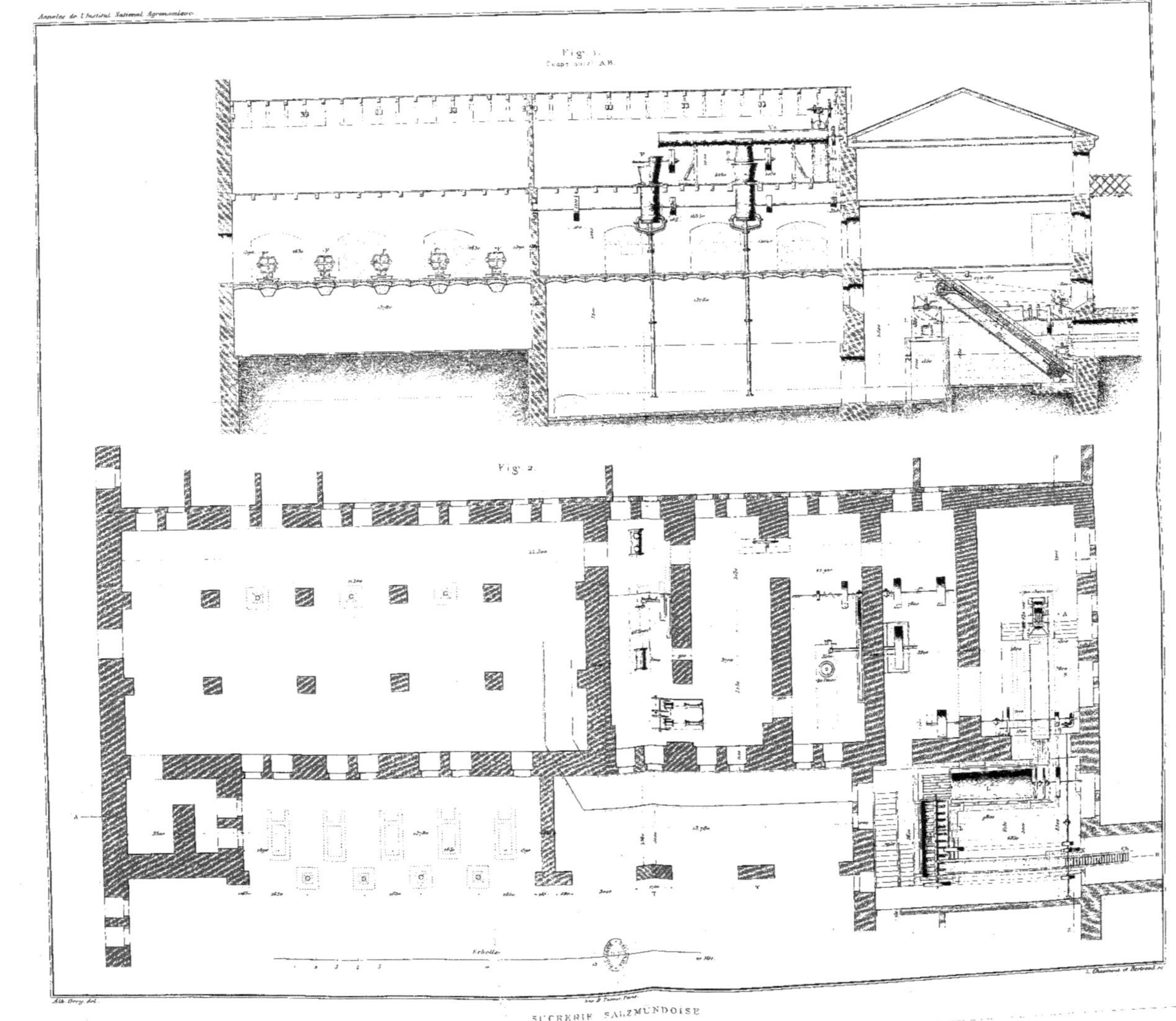


SUCRERIE SALZMUNDOISE

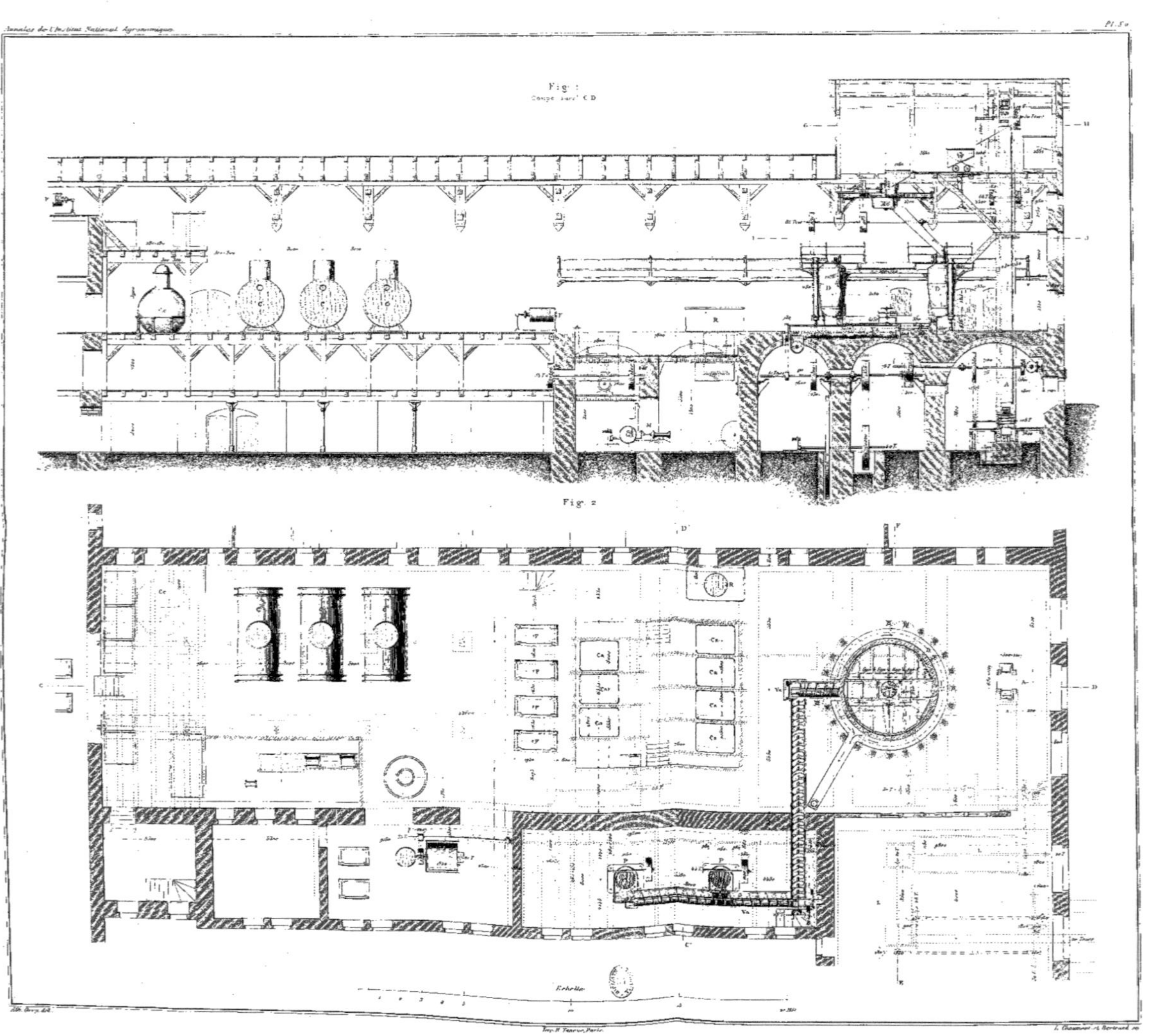


SUCRERIE SALZMÜNDOISE

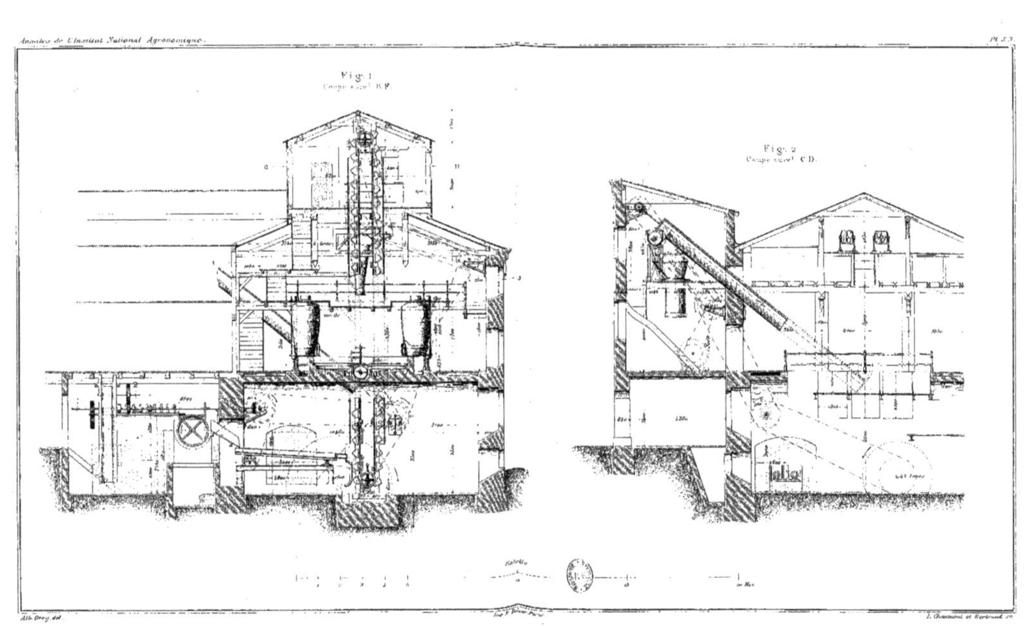


Alb. Gery del. Imp. F. Delarue Paris. L. Chaumont et Bertrand sc.

SUCRERIE SALZMÜNDOISE

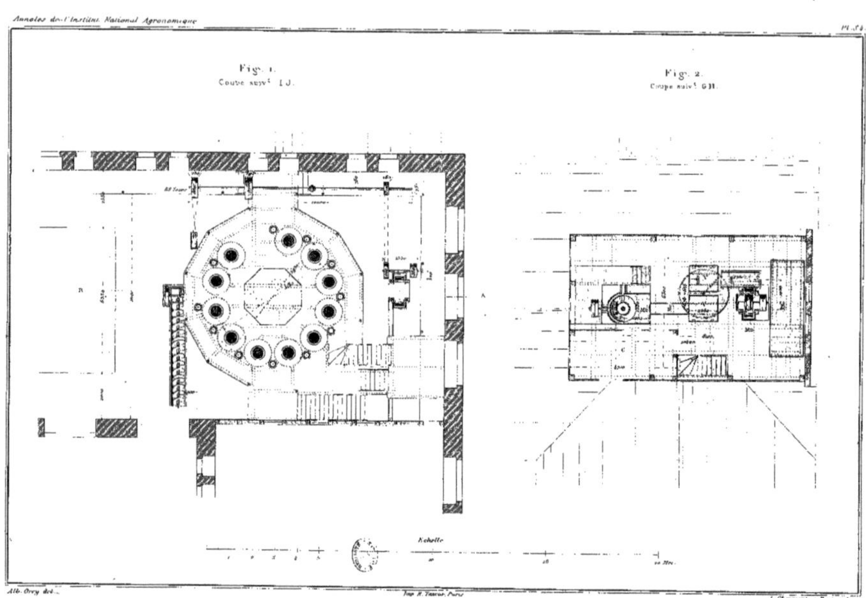


Alb. Orry del.

Imp. R. Taneur, Paris

L. Chaumont et Bertraud sc.

SUCRERIE SALZMÜNDOISE.

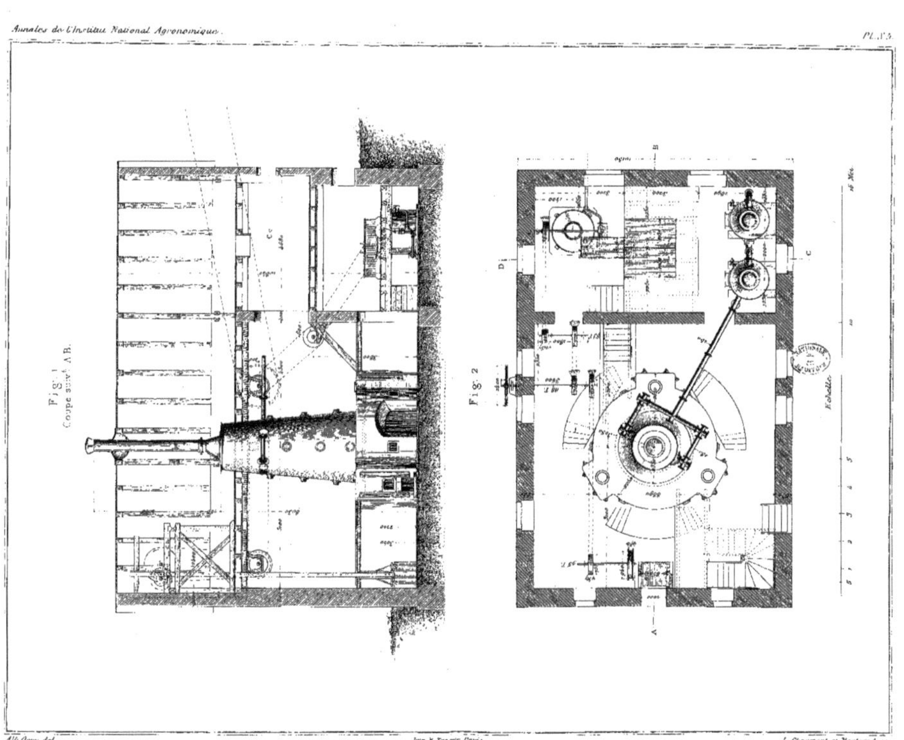


FOUR À CHAUX DE LA SUCRERIE SALZMÜNDOISE.

Alb. Orry del. Imp. R. Taneur Paris. J. Chaumont et Bertrand sc.

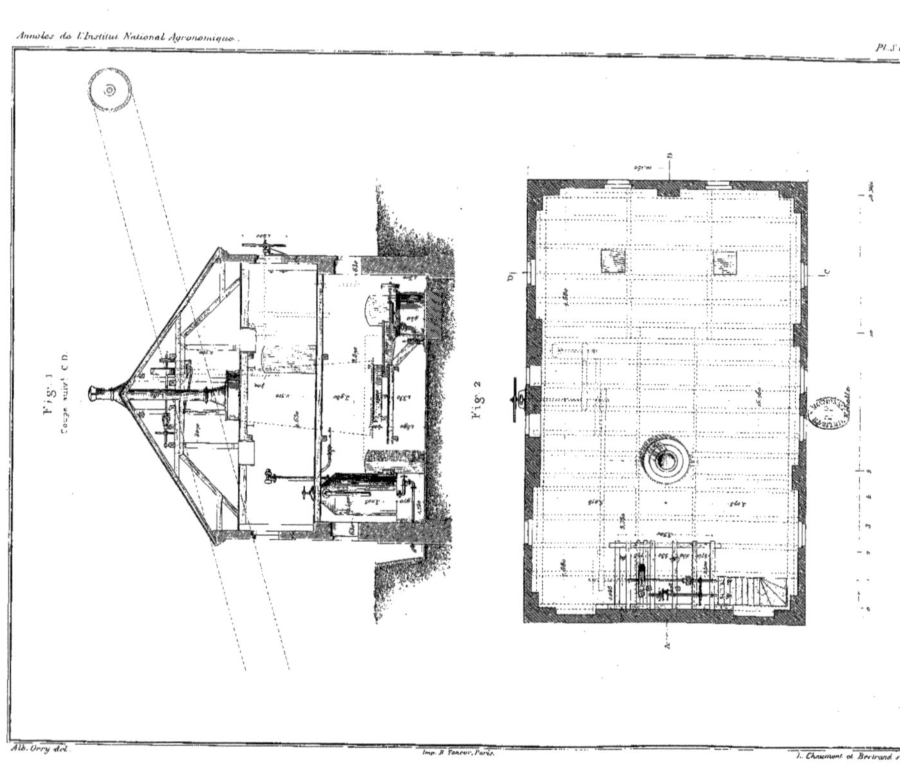


FOUR À CHAUX DE LA SUCRERIE SALZMÜNDOISE

Alb. Orry del. Imp. R. Taneur, Paris. L. Chaumont et Bertrand sc.

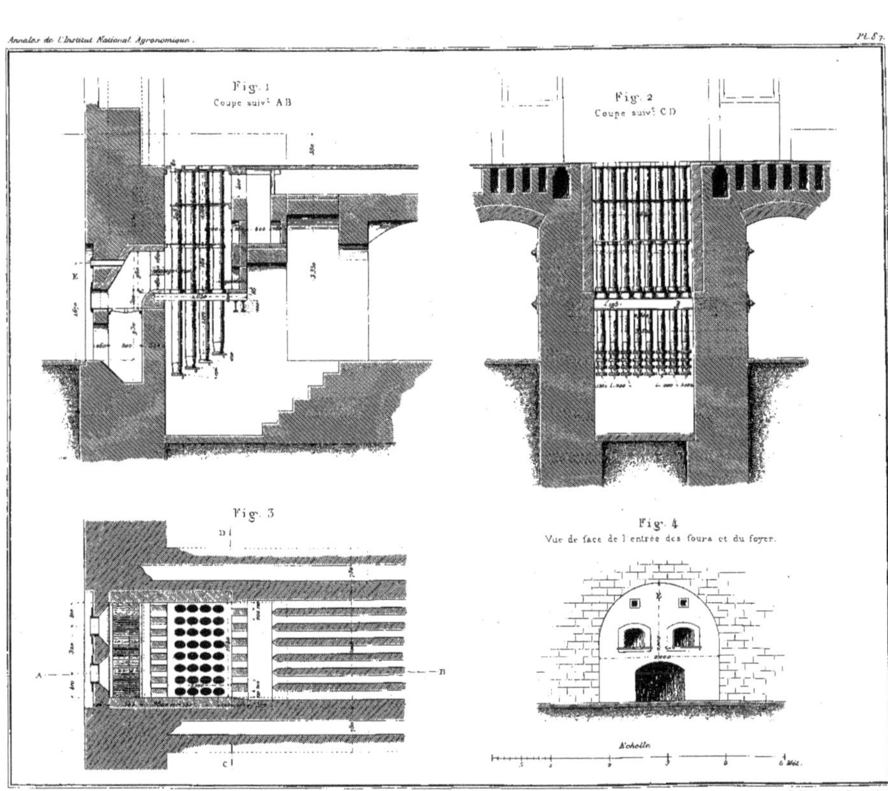


FOURS À RÉGÉNÉRER LE NOIR ANIMAL
(Sucrerie Salzmündoise.)

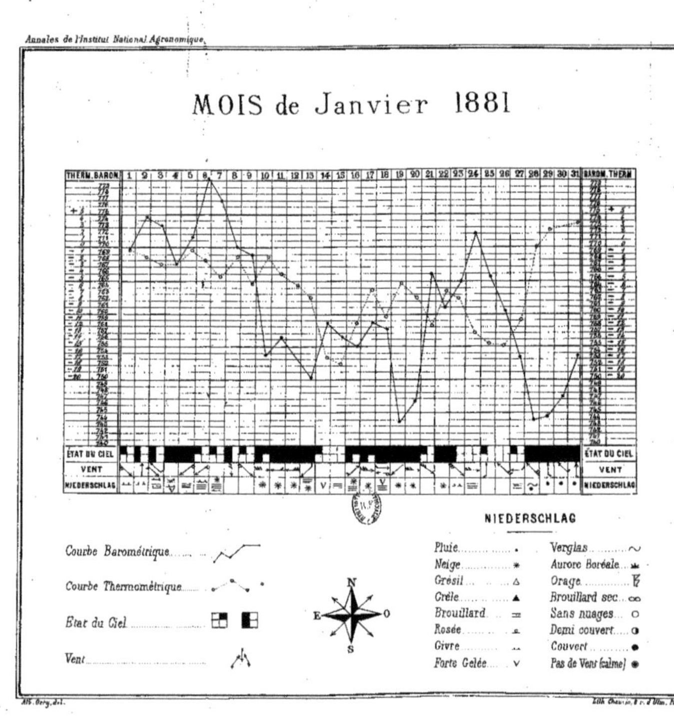
Annales de l'Institut National Agronomique.
MOIS de Janvier 1881
THERM. BAROM.
ÉTAT DU CIEL
VENT
NIEDERSCHLAG
NIEDERSCHLAG
Courbe Barométrique
Courbe Thermométrique
État du Ciel
Vent
N
E
O
S
Pluie
Neige
Grésil
Grêle
Brouillard
Rosée
Givre
Forte Gelée
Verglas
Aurore Boréale
Orage
Brouillard sec
Sans nuages
Demi couvert
Couvert
Pas de Vent (calme)

# MOIS de Février 1881

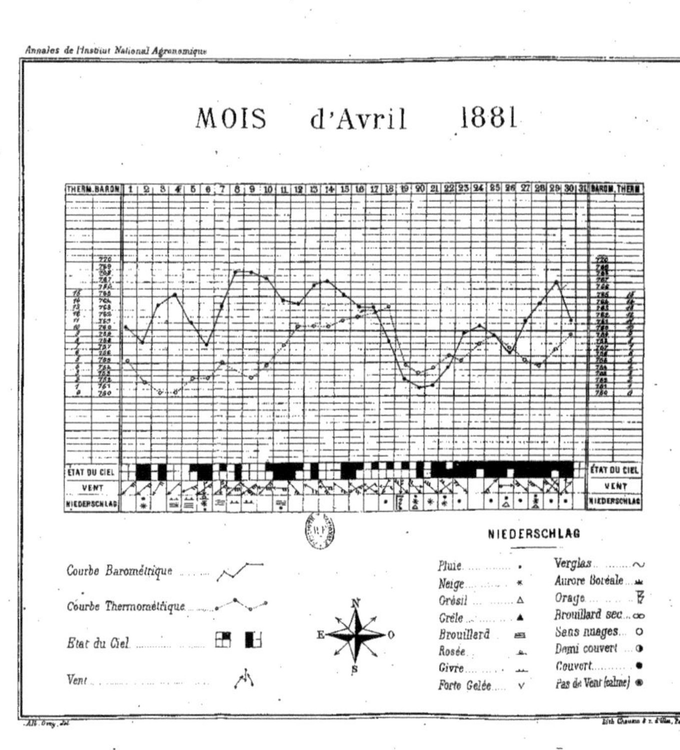
Annales de l'Institut National Agronomique
MOIS d'Avril 1881
THERM. BAROM.
ÉTAT DU CIEL
VENT
NIEDERSCHLAG
BAROM. THERM.
NIEDERSCHLAG
Courbe Barométrique
Courbe Thermométrique
Etat du Ciel
Vent
N
E
O
S
Pluie
Neige
Grésil
Grêle
Brouillard
Rosée
Givre
Forte Gelée
Verglas
Aurore Boréale
Orage
Brouillard sec
Sans nuages
Demi couvert
Couvert
Pas de Vent (calme)

# MOIS de Mai 1881

THERM. BAROM. 1 2 3 4 5 6 7 8 9 10 11 12 13 14 15 16 17 18 19 20 21 22 23 24 25 26 27 28 29 30 31 BAROM. THERM.

ÉTAT DU CIEL

VENT

NIEDERSCHLAG

Courbe Barométrique

Courbe Thermométrique

Etat du Ciel

Vent

N E O S

**NIEDERSCHLAG**

| | | | |
|---|---|---|---|
| Pluie | • | Verglas | ∾ |
| Neige | * | Aurore Boréale | |
| Grésil | △ | Orage | |
| Grêle | ▲ | Brouillard sec | ∞ |
| Brouillard | | Sans nuages | ○ |
| Rosée | | Demi couvert | ◑ |
| Givre | | Couvert | ● |
| Forte Gelée | v | Pas de Vent (calme) | ◉ |

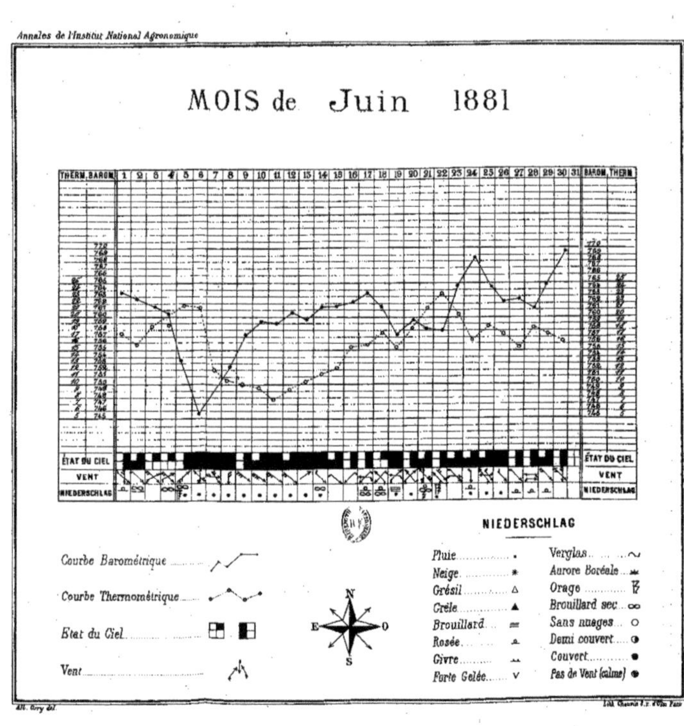
Annales de l'Institut National Agronomique
MOIS de Juin 1881
THERM. BAROM.
BAROM. THERM.
ÉTAT DU CIEL
VENT
NIEDERSCHLAG
NIEDERSCHLAG
Courbe Barométrique
Courbe Thermométrique
Etat du Ciel
Vent
N
E
O
S
Pluie
Neige
Grésil
Grêle
Brouillard
Rosée
Givre
Forte Gelée
Verglas
Aurore Boréale
Orage
Brouillard sec
Sans nuages
Demi couvert
Couvert
Pas de Vent (calme)

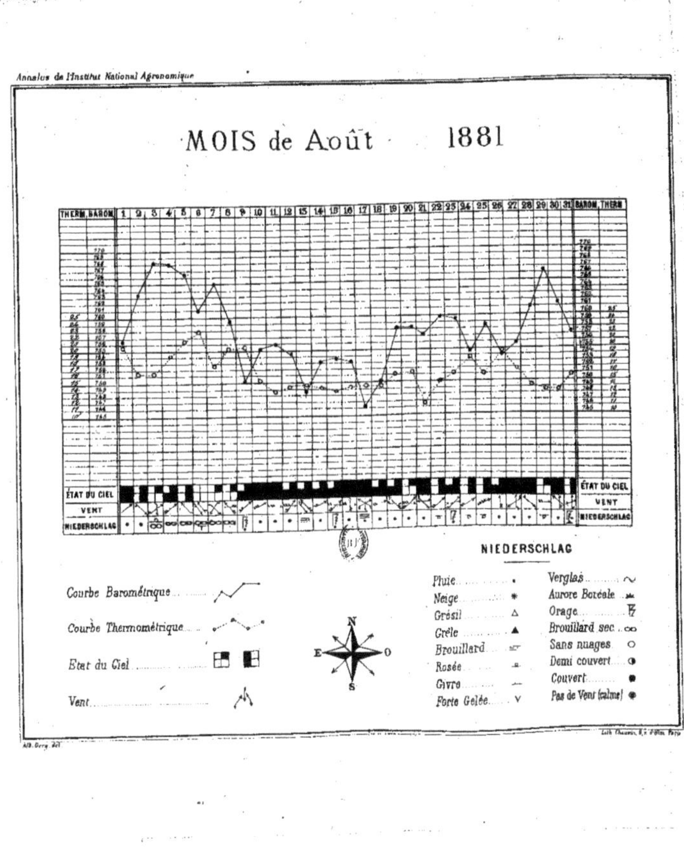
Annales de l'Institut National Agronomique
MOIS de Août 1881
THERM. BAROM.
BAROM. THERM.
ÉTAT DU CIEL
VENT
NIEDERSCHLAG
NIEDERSCHLAG
Courbe Barométrique
Courbe Thermométrique
Etat du Ciel
Vent
N
E
O
S
Pluie
Neige
Grésil
Grêle
Brouillard
Rosée
Givre
Forte Gelée
Verglas
Aurore Boréale
Orage
Brouillard sec
Sans nuages
Demi couvert
Couvert
Pas de Vent (calme)

Courbe Barométr

Courbe Thermométriq

Etat du Ciel

Vent

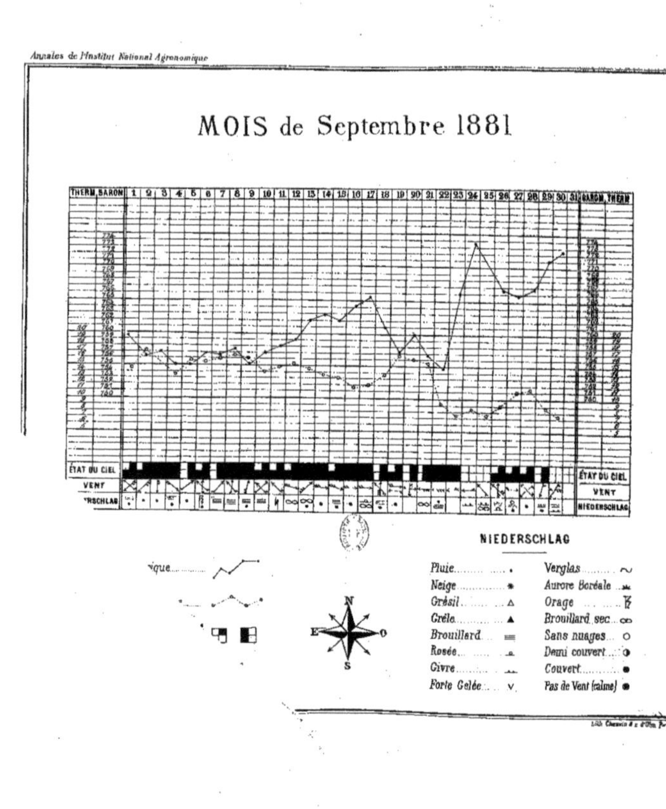

Annales de l'Institut National Agronomique
MOIS de Septembre 1881
THERM. BAROM.
ÉTAT DU CIEL
VENT
NIEDERSCHLAG
Pluie
Neige
Grésil
Grêle
Brouillard
Rosée
Givre
Forte Gelée
Verglas
Aurore Boréale
Orage
Brouillard sec
Sans nuages
Demi couvert
Couvert
Pas de Vent (calme)
N
E
O
S

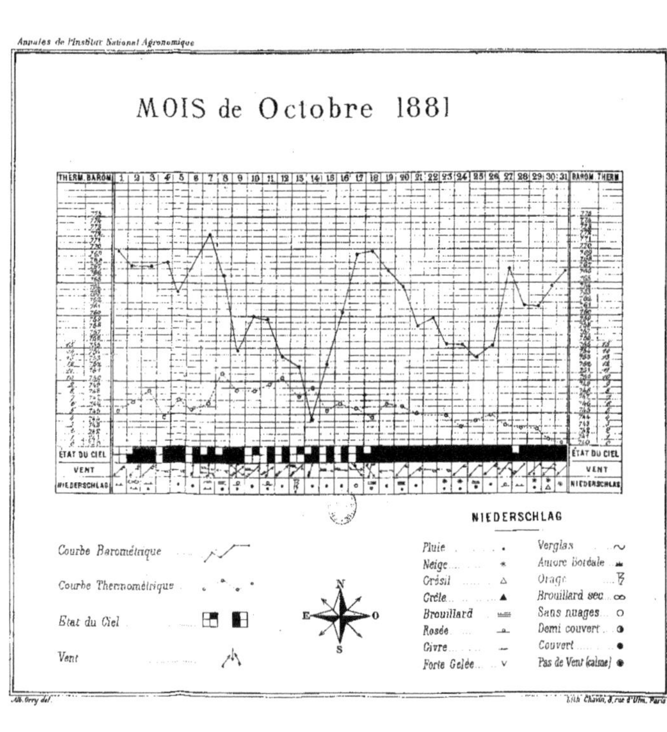


Alb. Orry del. — Lith. Chavin, 3, rue d'Ulm, Paris

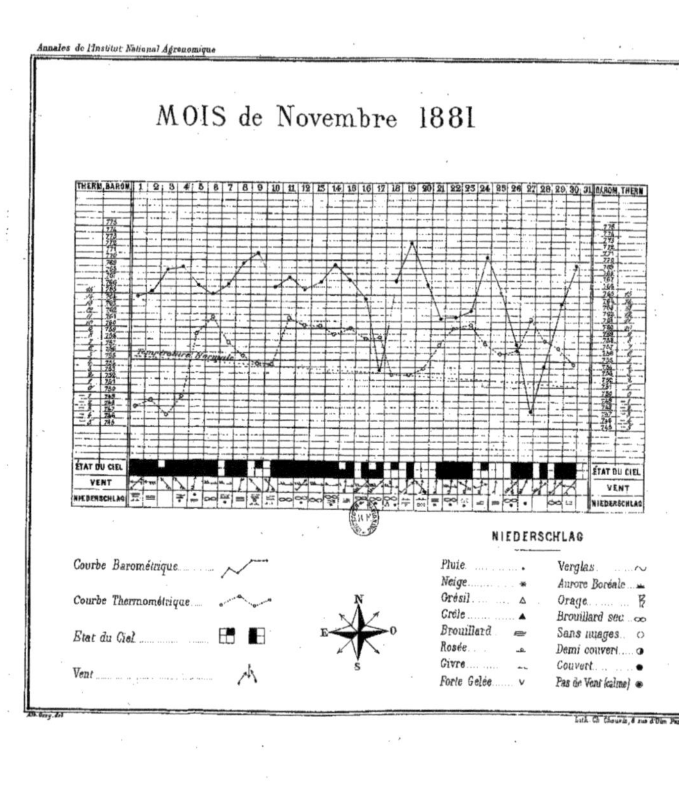


Lith. Ch. Chauvin, 4 rue d'Ulm Paris

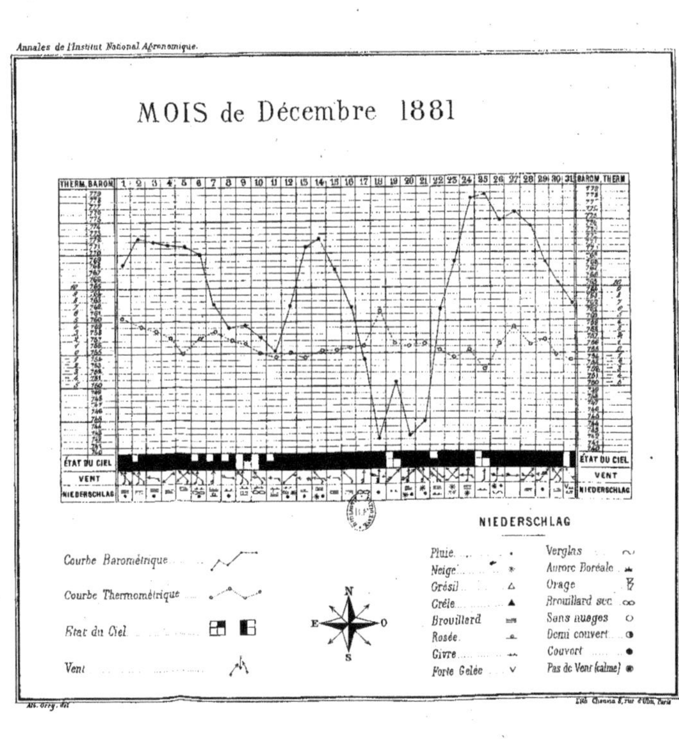
Annales de l'Institut National Agronomique.
MOIS de Décembre 1881
THERM. BAROM.
BAROM. THERM.
ÉTAT DU CIEL
VENT
NIEDERSCHLAG
NIEDERSCHLAG
Courbe Barométrique
Courbe Thermométrique
Etat du Ciel
Vent
N
E
O
S
Pluie
Neige
Grésil
Grêle
Brouillard
Rosée
Givre
Forte Gelée
Verglas
Aurore Boréale
Orage
Brouillard sec
Sans nuages
Demi couvert
Couvert
Pas de Vent (calme)

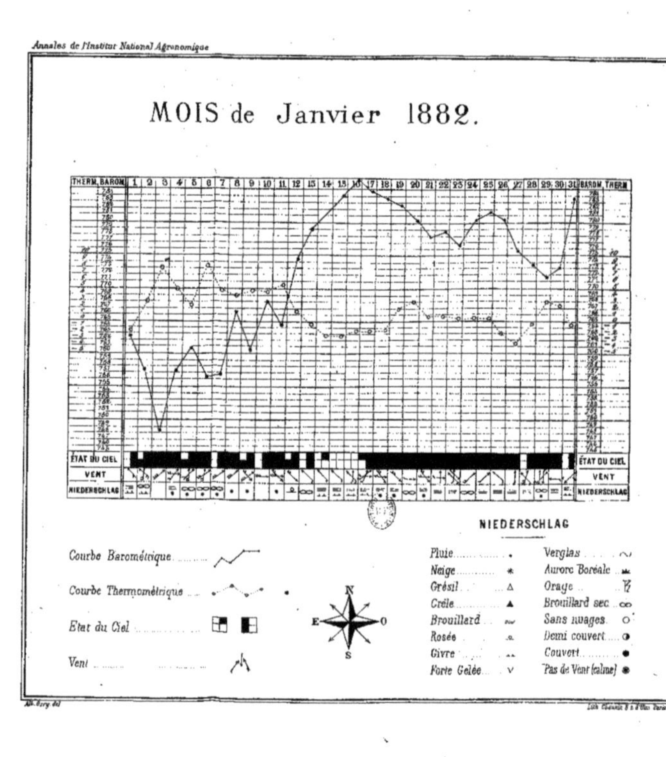
Annales de l'Institut National Agronomique
MOIS de Janvier 1882.
THERM. BAROM.
ÉTAT DU CIEL
VENT
NIEDERSCHLAG
NIEDERSCHLAG
Courbe Barométrique
Courbe Thermométrique
Etat du Ciel
Vent
Pluie
Neige
Grésil
Grêle
Brouillard
Rosée
Givre
Forte Gelée
Verglas
Aurore Boréale
Orage
Brouillard sec
Sans nuages
Demi couvert
Couvert
Pas de Vent (calme)
N
E
O
S

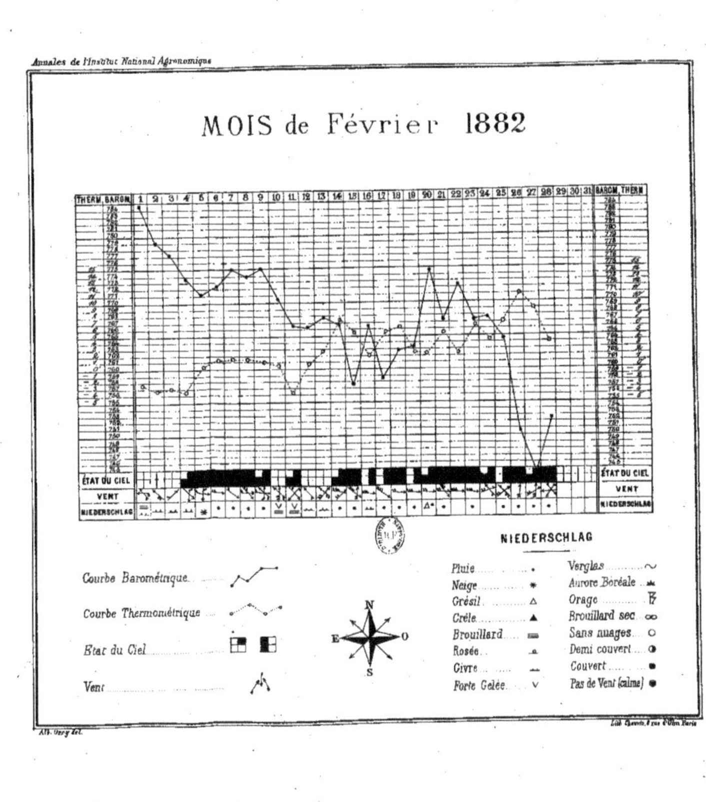
Annales de l'Institut National Agronomique
MOIS de Février 1882
THERM. BAROM.
ÉTAT DU CIEL
VENT
NIEDERSCHLAG
Courbe Barométrique
Courbe Thermométrique
Etat du Ciel
Vent
N
E
O
S
Pluie
Neige
Grésil
Grêle
Brouillard
Rosée
Givre
Forte Gelée
Verglas
Aurore Boréale
Orage
Brouillard sec
Sans nuages
Demi couvert
Couvert
Pas de Vent (calme)
Alb. Oury del.

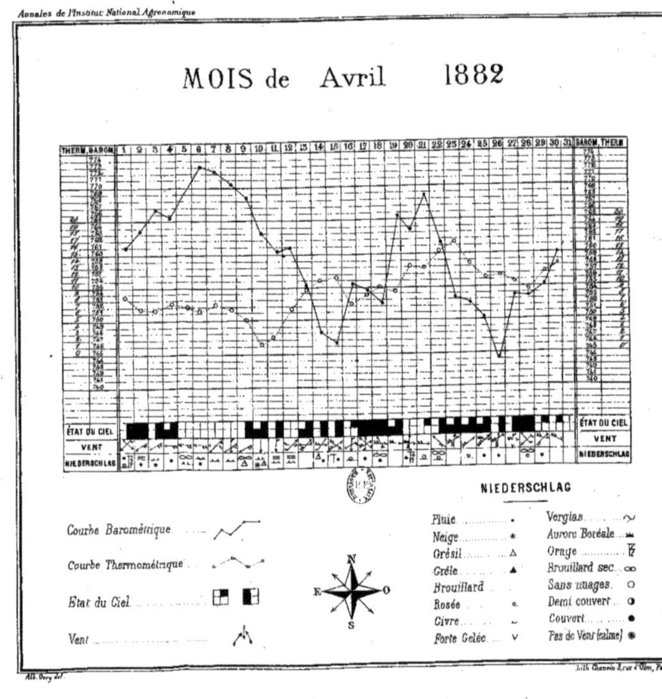
Annales de l'Institut National Agronomique
MOIS de Avril 1882
THERM. BAROM.
BAROM. THERM.
ÉTAT DU CIEL
VENT
NIEDERSCHLAG
NIEDERSCHLAG
Courbe Barométrique
Courbe Thermométrique
Etat du Ciel
Vent
N
E
O
S
Pluie
Neige
Grésil
Grêle
Brouillard
Rosée
Givre
Forte Gelée
Verglas
Aurore Boréale
Orage
Brouillard sec
Sans nuages
Demi couvert
Couvert
Pas de Vent (calme)
Alb. Oury del.
Lith. Chauvin 3, rue d'Ulm, Paris

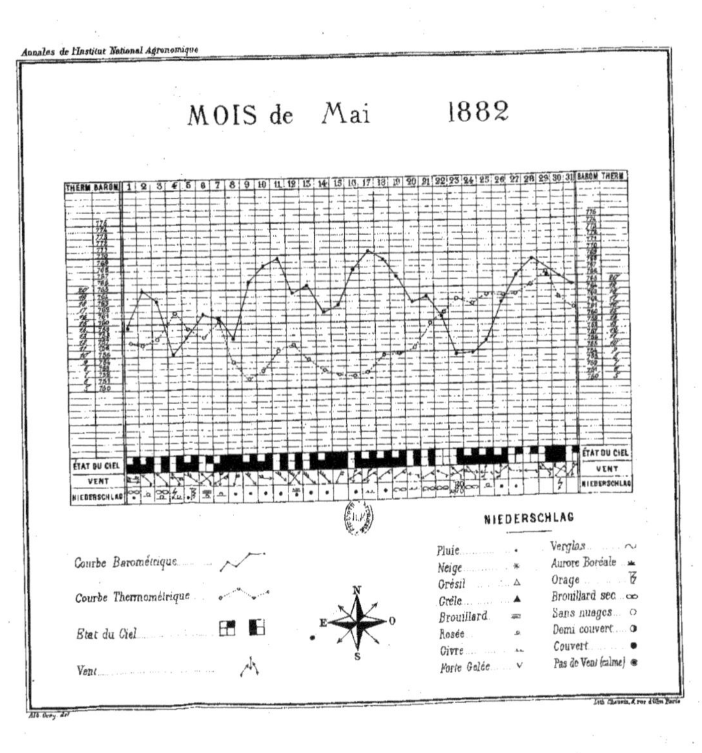
MOIS de Mai 1882
THERM BAROM
ÉTAT DU CIEL
VENT
NIEDERSCHLAG
Courbe Barométrique
Courbe Thermométrique
Etat du Ciel
Vent
N
E
O
S
Pluie
Neige
Grésil
Grêle
Brouillard
Rosée
Givre
Forte Gelée
Verglas
Aurore Boréale
Orage
Brouillard sec
Sans nuages
Demi couvert
Couvert
Pas de Vent (calme)

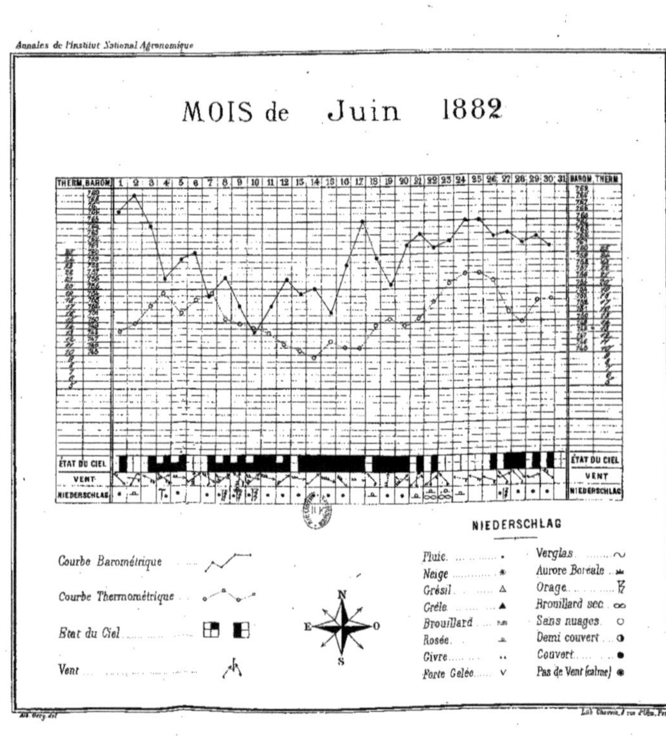
MOIS de Juin 1882
THERM. BAROM.
ÉTAT DU CIEL
VENT
NIEDERSCHLAG
NIEDERSCHLAG
Courbe Barométrique
Courbe Thermométrique
Etat du Ciel
Vent
Pluie
Neige
Grésil
Grêle
Brouillard
Rosée
Givre
Forte Gelée
Verglas
Aurore Boreale
Orage
Brouillard sec
Sans nuages
Demi couvert
Couvert
Pas de Vent (calme)
N
E
O
S

# MOIS de Juillet 1882.

THERM. BAROM. 1 2 3 4 5 6 7 8 9 10 11 12 13 14 15 16 17 18 19 20 21 22 23 24 25 26 27 28 29 30 31 BAROM. THERM.

ÉTAT DU CIEL

VENT

NIEDERSCHLAG

NIEDERSCHLAG

| | |
|---|---|
| Courbe Barométrique | |
| Courbe Thermométrique | |
| Etat du Ciel | |
| Vent | |

N E O S

| | | | |
|---|---|---|---|
| Pluie | • | Verglas | ∼ |
| Neige | * | Aurore Boréale | |
| Grésil | △ | Orage | |
| Grêle | ▲ | Brouillard sec | ∞ |
| Brouillard | | Sans nuages | ○ |
| Rosée | | Demi couvert | ◑ |
| Givre | | Couvert | ● |
| Forte Gelée | v | Pas de Vent (calme) | ● |

Alb. Orry del. Lith. Chauvin, f. r. d'Ulm Paris

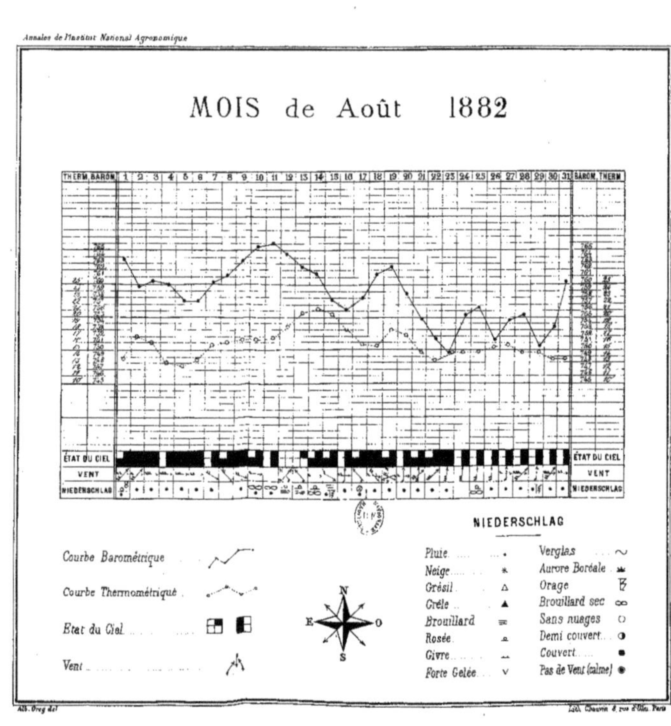


Alb. Greg del. — Lith. Chauvin 8, rue d'Ulm, Paris

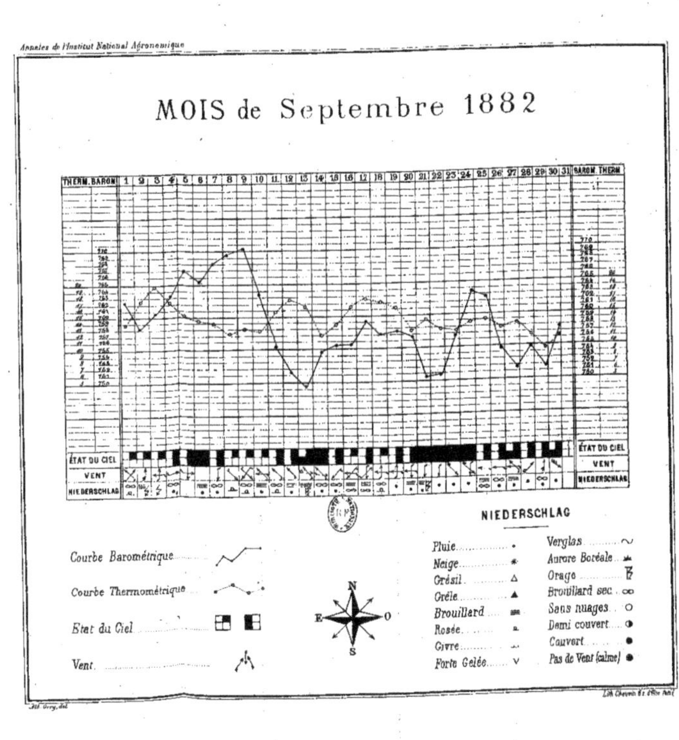
Annales de l'Institut National Agronomique
MOIS de Septembre 1882
THERM. BAROM.
ÉTAT DU CIEL
VENT
NIEDERSCHLAG
NIEDERSCHLAG
Courbe Barométrique
Courbe Thermométrique
Etat du Ciel
Vent
N
E
O
S
Pluie
Neige
Grésil
Grêle
Brouillard
Rosée
Givre
Forte Gelée
Verglas
Aurore Boréale
Orage
Brouillard sec
Sans nuages
Demi couvert
Couvert
Pas de Vent (calme)

www.ingramcontent.com/pod-product-compliance
Ingram Content Group UK Ltd.
Pitfield, Milton Keynes, MK11 3LW, UK
UKHW012035240726
13965UKWH00003B/812